我是小科学家

# 宇宙大爆炸

魏辅文 主编　　智慧鸟 编绘

南京大学出版社

图书在版编目（CIP）数据

宇宙大爆炸 / 魏辅文主编；智慧鸟编绘. -- 南京：南京大学出版社, 2025.3. -- （我是小科学家）.
ISBN 978-7-305-28622-3

Ⅰ．P159-49

中国国家版本馆CIP数据核字第2025WU1423号

出版发行　南京大学出版社
社　　址　南京市汉口路22号
邮　　编　210093
项目人　石　磊
策　　划　刘雪莹
丛 书 名　我是小科学家
　　　　　YUZHOU DA BAOZHA
书　　名　宇宙大爆炸
主　　编　魏辅文
编　　绘　智慧鸟
责任编辑　甄海龙
印　　刷　南京凯德印刷有限公司
开　　本　787 mm×1092 mm　1/16开　印　张 9　字　数 100千
版　　次　2025年3月第1版
印　　次　2025年3月第1次印刷
ISBN 978-7-305-28622-3
定　　价　38.00元

网址 http://www.njupco.com
官方微博 http://weibo.com/njupco
官方微信 njupress
销售咨询热线 （025）83594756

# 目 录

"宇宙"这个词是怎么来的？ / 1
宇宙是怎么形成的？ / 3
宇宙到底有多大？ / 6
宇宙里都有什么呢？ / 9
你知道通古斯大爆炸吗？ / 11
是什么让太空变得拥挤？ / 12
你知道"宇宙岛"吗？ / 14
什么是银河系？ / 17

银河系有邻居吗？ / 19
你知道银河系的组成吗？ / 21
天体怎么都是球形的呢？ / 24
太阳系中都有什么？ / 27
太阳是怎么产生热量的呢？ / 30
太阳会陨落吗？ / 33

# 目 录

你知道太阳是什么样子的吗? / 36
哪些天体围绕着太阳转呢? / 38
太阳黑子很黑吗? / 40
太阳风是怎么回事? / 42
为什么浮在宇宙中的地球不会掉下来呢? / 45
是什么力量让地球不停地转动? / 47
地球在转动,为什么我们感觉不到呢? / 49
月球究竟是怎么形成的? / 51

月球上到底有没有水? / 54
为什么月亮会有圆缺变化呢? / 57
月亮怎么老是跟着我走呢? / 60
火星是火红色的吗? / 62
火星上是否也有生命呢? / 64
水星上为什么没有水呢? / 65
什么是流星呢? / 67

# 目 录

流星会落到地上来吗？／69

天上的星星为什么不会掉下来？／71

白天怎么看不到星星呢？／73

为什么星星喜欢"眨眼睛"呢？／75

你知道星星也要分等级吗？／77

什么是恒星呢？／79

恒星的温度是不是特别高呢？／82

每颗行星都有自己的卫星吗？／84

小行星的世界是什么样子的？／86

你知道如何定位北极星吗？／88

你知道什么是星座吗？／91

什么是人造卫星？／92

你听说过陨星雨吗？／94

什么是极光？／96

日食和月食是怎样形成的？／98

黑洞是怎么形成的？／101

为什么会有极昼、极夜现象呢？／104

彗星怎么还有"尾巴"呀？／106

# 目录

哈雷彗星的名字是怎么来的呢? / 109

天文学上计算距离为什么要用光年呢? / 111

什么是宇宙飞船? / 114

宇宙飞船内为什么要加压密封? / 116

为什么天文台的屋顶是圆形的? / 118

陨石是怎么回事? / 121

太空中怎么还有垃圾呢? / 123

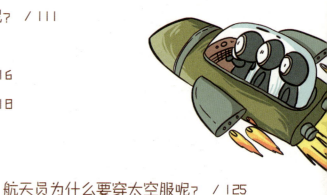

航天员为什么要穿太空服呢? / 125

宇宙飞船中能烧开水吗? / 127

空间站是什么样子的? / 130

航天飞机的任务都有哪些? / 133

UFO就是外星飞船吗? / 135

宇宙中还有其他适合人类居住的星球吗? / 137

# "宇宙"这个词是怎么来的?

"宇宙"这个词是怎么来的呢?原来在中国古代的战国时期,有一个哲学家叫尸佼,他写了一部名叫《尸子》的书,书中说:"上下四方曰宇,往古来今曰宙。"他用"宇"代表上下四方,就是指所有的空间,用"宙"代表古往今来,也就是指所有的时间,"宇""宙"两个字合起来就是空间和时间的统一,《尸子》把"宇宙"看作天地万物的总称,后来人们又习惯用"宇宙"来指整个客观实在的世界。在现代的哲学界,

宇宙的定义是"普遍、永恒的物质世界",哲学家把空间、时间、物质运动作为一个整体来看待,认为宇宙是无限的。而在自然科学上,宇宙实际上是指总星系,是人们目前所能观测到的宇宙空间,就是说能从物理现象上进行解释的空间。在这里,宇宙不再是那么虚无缥缈,而是可以人为观测到,甚至借助现代科技还能实际体验、触摸到。

接下来我们就走进这个神奇的领域,探索这个充满无限想象的时空。

# 宇宙是怎么形成的？

大多数人认为，宇宙是"大爆炸"之后形成的，"大爆炸"用英文表达就是"Big Bang"，那到底什么才是宇宙的"大爆炸"呢？

大约138亿年以前，宇宙还不像现在这样无边无际，它只是一个很不起眼的小球体，甚至需要借助显微镜才能观测到。当时的宇宙温度和密度达到了一定的高度，球体瞬间快速地膨胀起来，并且越来越大，就像一个剧烈燃烧的大火球，终于达到极限发生了爆炸。也许你以为这需要持续很

长时间才能完成,然而大爆炸却发生在我们无法体会的短时间内,甚至不能用分秒来计算。

当爆炸发生后,宇宙因为不断膨胀变得越来越大,本来很高的温度反而在很短的时间内迅速降了下来,在这个过程中由于能量相互碰撞产生了宇宙中的小粒子,这些小粒子后来变成了太阳、地球、星星等星体。

宇宙是不是就在大爆炸的那一刻停止膨胀了呢?事实上并没有,宇宙直到今天仍然在持续膨胀着,只是不像最开始那样迅速。

大爆炸之后,几亿年的时间里,数百万乃至数千亿的星星汇集在一起形成了巨大的天体——银河。大约经过了90亿年,距离现在大约46亿年的时候,太阳和地球就形成了。

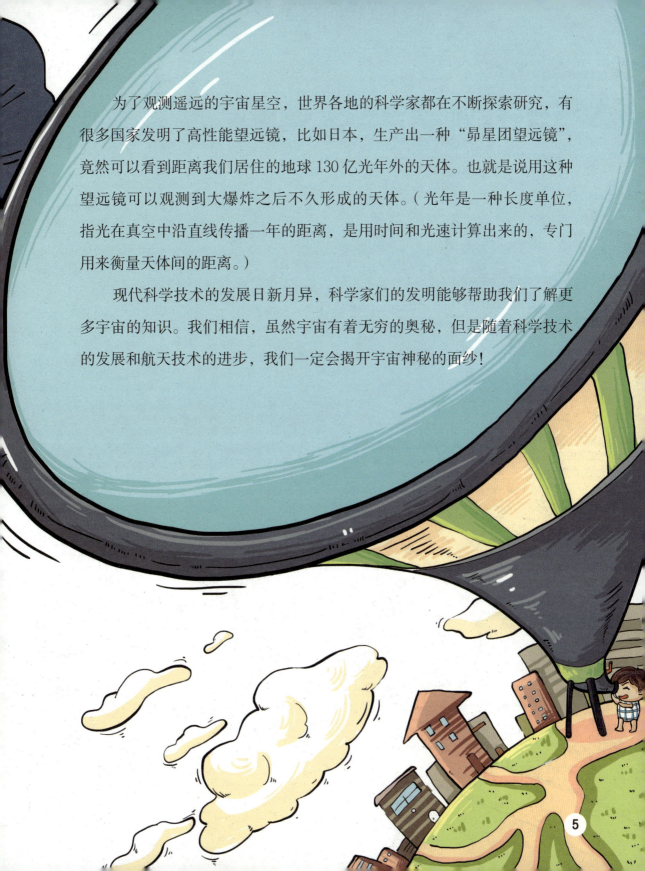

为了观测遥远的宇宙星空,世界各地的科学家都在不断探索研究,有很多国家发明了高性能望远镜,比如日本,生产出一种"昴星团望远镜",竟然可以看到距离我们居住的地球130亿光年外的天体。也就是说用这种望远镜可以观测到大爆炸之后不久形成的天体。(光年是一种长度单位,指光在真空中沿直线传播一年的距离,是用时间和光速计算出来的,专门用来衡量天体间的距离。)

现代科学技术的发展日新月异,科学家们的发明能够帮助我们了解更多宇宙的知识。我们相信,虽然宇宙有着无穷的奥秘,但是随着科学技术的发展和航天技术的进步,我们一定会揭开宇宙神秘的面纱!

# 宇宙到底有多大？

在提出这个问题时，我们对宇宙有个事先界定，这里我们谈论的不是宇宙的年龄，而是宇宙的范围。所指的范围则是可见的宇宙，也就是以我们生存的地球为中心，作为一个点，从诞生到大爆炸为半径，开始向外迅速膨胀以来，光所通过的空间距离。

在天文学上，采用的计量单位是"光年"，即光在真空中沿直线传播一年的距离。光的速度大约为每秒30万千米，一光年约为9.46万亿千米。按照这个算法，银河系的直径超过10万光年。而在银河系之外还有别的

星系，距离我们有数亿光年。如此遥远的距离真让人难以想象，而天文学家的任务就是准确地测量出宇宙的大小和范围。

天文学家测量天体距离的方法有很多种，其中亮度测定法被广泛应用。亮度测定法简单来说，就是通过观测星球的实际亮度和我们视觉亮度之间的差异，从而能准确测出恒星与地球之间的距离。

类星体是宇宙中最明亮的天体，它比正常星系亮数百倍甚至数千倍，横跨半个宇宙都可以看到。所以天文学家常把它设定为计算宇宙距离的一个标杆，称为"标准烛光"。但是至今，天文学家不断地在更远的距离发现类星体。那么，哪一个类星体才能作为"标准烛光"，成为一

个新的问题。因此,聪明的天文学家在运用这一测量方法时,往往采取分步骤进行的方式,即设立一系列"标准烛光",每一步骤只为下一步的测定做好铺垫。

近年来,天文学家提出三种不同的"标准烛光",即近红外线观测造父变星、行星状星云和麻省理工学院的约翰·托里的成片星系,都使人趋向于认为宇宙有110亿~120亿光年大小。

而天文学家最新发现的类星体位于我们目前所能观测到的宇宙边缘,与地球相隔100亿~200亿光年,是迄今我们所知道的最遥远的天体。

总而言之,科学在不断进步,天文学家在不断努力,将来我们会发现宇宙远比我们想象的要大得多。

# 宇宙里都有什么呢？

宇宙里是空无一物还是充满了物质，这个问题你有没有想过？

动一动脑我们就能知道宇宙中是有物质存在的，因为和我们生活密切相关的地球、太阳等星体就存在于宇宙中，除了这些，宇宙中还有什么物质呢？其实宇宙中还有行星、星云等各种物质。

恒星位置相对固定，所以古时候的人们认为它们是不动的，因此称其为恒星。其实是因为它们距离我们太远，不借助特殊工具和方法很难

发现它们和地球位置的变化。恒星自身会发光,例如太阳就是恒星。恒星不但会自转,还会在宇宙中以不同的速度移动。

行星是与恒星相对而言的,它们是沿椭圆形轨道围绕恒星运行的星体,它们本身不发光,有时我们用肉眼却可以观测到它们发出光,这是因为它们反射了恒星的光。

星云是云雾状的物质,由气体和尘埃组成,分布在银河系或其他星系的空间中,多姿多彩,千变万化。

除了上面提到的星体,还有"星系",它由星星成群地聚在一起,形成宇宙中庞大的星星"岛屿",也是宇宙中最大、最美丽的天体系统之一。

在晴朗的夜晚,抬头仰望星空,会看到一条横贯天空的"河",这就是我们常说的"天河"。它就是银河系,在宇宙中闪亮。

# 你知道通古斯大爆炸吗？

　　1908年6月30日上午7点多，在俄罗斯西伯利亚通古斯河附近，发生了巨大的爆炸。当天早上，在几百千米外的人都看到一个巨大的火球划过天空，像太阳一样亮，并且看到了蘑菇云升起，人们能感觉到强烈的震动，有的人家里的玻璃都被震碎了，接着一道强光照亮了天空。往后的两天，北半球的很多地区都没有了黑夜。据说这场爆炸的威力相当于1000多万吨的炸药同时爆炸，造成方圆3000千米内树木被焚毁。

　　关于这场爆炸产生的原因，科学界有很多说法，有的认为是陨星在空中爆炸引起的，有的认为是彗星撞击地球，还有的认为是外星人袭击地球呢。"通古斯大爆炸"的原因至今还是一个谜。

# 是什么让太空变得拥挤?

很多大城市由于外来人口的加入,变得越来越拥挤。太空中并没有人类居住,那么是否也存在拥挤的问题呢?答案是肯定的。

人类为了探索宇宙的奥秘,向太空中发射了很多人造天体,比如空间站、人造卫星、运载火箭,等等。由于这些人造天体的增加,太空变得越来越拥挤。

这些人造天体在互相碰撞后产生了很多碎片,火箭在分解后也能产生残骸,这些物体累计起来多达4万多个,却又没人清理,它们飘浮在太

空中，就成了太空垃圾。此外，太空中大约有7000个大型物体，其中包括2000多个仪表装置，它们都位于距离地面500～900千米的高度。但是在这些仪表装置中，却有95%是闲置或者损坏的，只有剩下的5%在运行。除了上面提到的，还有大约300万个微粒，可能是剥离的涂料或是尘埃。千万不要小看这些微粒，它们能产生很大的危害，其中的一些微粒能够快速前进，会造成国际空间站的窗户出现裂纹，给空间站带来不必要的麻烦。所以无论在哪个时空，人类都应该有爱护环境的意识。

# 你知道"宇宙岛"吗？

　　宇宙像海洋一样浩瀚无垠，每个星系就如同海洋中的岛屿一样四处分布着，科学家就借用"宇宙岛"来称呼宇宙中的众多星系，非常生动形象。

　　"宇宙岛"最早出现在德国博物学家洪堡1850年出版的《宇宙：物质世界概要（第三卷）》中。"宇宙岛"又称"恒星岛""恒星宇宙"，是科学家们对恒星分布的一种形象称呼。

对"宇宙岛"的研究,最早可以追溯到16世纪末意大利的思想家布鲁诺。他提出了对恒星世界结构分布的猜想,认为恒星都是距离地球很遥远的太阳。关于他的这个猜想,直到18世纪中叶,在初步测定恒星视差的尝试中才得到证实,历经了近两个世纪之久。在这个基础上,科学家们还进一步证实了遥远的恒星都是能够发光发热的球体。

1750年,英国人赖特提出了银河系的概念,他假设天上所有的天体共同组成一个像磨盘一样的扁平系统,银河系就是这个磨盘,恒星在银河系

中密集分布，太阳也是其中的一员。五年之后，也就是1755年，德国哲学家康德发展了赖特的思想，他在著作《自然通史和天体论》中提出"广大无边的宇宙中有数量无限的世界和星系"，这是"宇宙岛"的最早渊源。

随着科技的发展，天文研究和观测手段获得了很大的进步，天文学家又发现了仙女星系的存在，这有力地证明了在银河系以外还有其他星系的存在。

猜想得到证实所需要的时间越来越短，人类科学技术的快速发展起到了至关重要的作用，相信不久的将来，更多的猜想得到证实，宇宙将不再变得神秘。

# 什么是银河系?

　　银河系是"宇宙岛"众多星系中的一个,年龄约有136亿年,直径大约为10万光年,比其他星系稍微大一些。它主要由约2000亿颗星组成,分为中央核球和旋臂两大部分。核球的直径有3000光年,呈椭球形,银河系大约1/5的星,即400亿颗都集中分布在核球区域,主要为一些老年恒星和老年星团。旋臂有四只,缠绕在核球的四周,这部分主要是气体、尘埃和年轻恒星集中的区域。

　　从整体上看,银河系的外形很像一个扁平的盘子,中间厚、边缘薄,

中间的这个圆盘又被称为银盘,是银河系的主体部分,直径大约为8万光年,中间厚的部分能达到1万光年,边缘处也有3000~6000光年。银河系的主要物质都集中在这个盘状结构里,这些物质主要是年龄不到100亿年但是重金属含量较高的星球。

在银盘的外面,还有稀疏的恒星和星际物质组成的球状体分布着,它们分布在银盘的四周,这部分又被称为银晕。在银晕的外围,是暗晕,因为这里有不能用可见光看到的天体。

银河系也是太阳所在的恒星系统,太阳系位于银河系的一只旋臂上,银河系的总质量是太阳质量的成千上万亿倍,这么巨大的质量主要是什么呢?据了解,恒星的质量约占总质量的90%,余下的10%则是星际物质。

# 银河系有邻居吗?

银河系有很多邻居,其中最近的一个叫仙女星系。它的形状与银河系类似,也是旋涡状的,但大小比银河系略大,星系中至少有一万亿颗恒星。仙女星系与银河系相距约 250 万光年——没错,一道从银河系边缘发出的光,要走 250 多万年才能到达仙女星系。

　　最让人感到不可思议的是,仙女星系正在以每秒3千米的速度朝银河系飞奔而来,再过30亿年左右,两者将会撞到一起!到那时候,两者将会相互环绕2~3圈,随后花上数十亿年慢慢融合在一起。届时,银河系将会失去螺旋状的结构,最终变成椭圆形的巨大星系。其实,在宇宙中,两个星系会合并成一个更大的星系是很常见的情况。现在的仙女星系就是由两个星系碰撞后组合在一起形成的。科学家在仙女星系的中心发现了两个黑洞,那就是星系曾经碰撞的证据。

# 你知道银河系的组成吗？

银河，在我国古代有"天河""河汉""银汉""星汉"等许多雅号。在神话传说中，也正是它使得牛郎、织女只能隔"河"相望，不能夫妻团圆。那么，银河系具体是由什么组成的呢？

夏天的夜晚，我们抬头望向天空时见到的银白色的"河"就是银河。银河系包括银河里的一切星星，连太阳也包括其中。银河系是整个宇宙岛的一部分，所以它的组成和宇宙的组成有些类似，说得具体一点，银河系包括各种恒星、星团和星云。

星星原来一点都不小！

　　恒星就是我们在夜间所能见到的满天星斗，如北极星、牛郎星、织女星等。它们位置相对固定，不借助特殊工具和方法很难发现它们位置的变化，它们不但会自转，还会在宇宙中以不同的速度移动。据估计，银河系里的恒星有2000亿颗。

　　星团是在一起转动的一群星，用肉眼去看，也许只能看到七八颗，但借助高性能的天文望远镜，就会观测到大小不一、七八百颗星组成的星团，当然这只是我们目前观测到的，如果设备更先进，也许还能看到更多的星星。

　　不管我们用放大多少倍的望远镜，总也观测不出星云的运动轨迹，这是因为星云是一种云雾状的物质，由气体和尘埃组成，分布在银河系星体的空间，形状多变。

　　银河系是中间厚、边缘薄，有人说像一个圆饼，有人说像一个扁盘。恒星在银河系的分布上，中间厚的地方星星多，四周薄的地方星星少。人马座是银河系中星体最密集的地方，尤其是斗柄和箕宿四颗星的内部，看上去就像一朵白云停在那儿。根据天文家的研究，大多数星团都集中在人马座，因此可以把它看作银河系的中心。

　　地球所处的太阳系是在距银河系中心2.8万光年的位置，位于银河系第三旋臂——猎户旋臂上。

# 天体怎么都是球形的呢？

在人们的印象中，天体都是球形的，月亮是圆的，太阳是圆的，地球也是圆的，等等。笼统地说，"天体都是球形"。这样的话没错，但是这里说的球形并不是十分标准的球形，它只是看上去像球罢了。

事实上，我们人类居住的地球，并不像我们看到的地球仪那样圆，它是一个两极稍扁的扁球形。我们知道的木星和土星，因为它们大气密度很高，所以它们的两极看上去更扁。

那么，是什么导致天体看上去都是球形，而不是方形或者其他奇怪的形状呢？原来，这是万有引力作用的结果。根据牛顿定律，我们知道任何物体都会对其他物体产生吸引力，万有引力的大小与两个物体间距离的平方成反比，而与物体之间的位置没有关系，因此，天体中无数不均匀分布的粒子，都倾向于聚在一起形成球状的团。

举个例子，假设在宇宙大爆炸之后的一段时间里，由大量不均匀分布的粒子形成了分布不均的物质云，粒子虽然彼此吸引，但是整体的万有引力没有达到平衡，存在某种外力使其旋转，两个天体间

就有万有引力的存在，使分散的物质云慢慢聚合在一起。一些外力的作用以及它本身的粒子不均匀，也使自身进行旋转，从而形成一个不完美球形的旋转天体。它自身旋转的速度越快，形状就越接近扁圆形，加上自身的物质密度，以及电磁、摩擦和热力的原因，最终导致球体的形成。

我们选用外观接近标准球形的台球进行实验，让它充分旋转，它的外观并不会发生变化，如果换成一个充水气球，我们就能发现它在旋转后变成中间凸出，两头扁平的扁球形。天体不但质量大，而且具有很高的自转速度，在某些情况下，赤道附近的某些粒子可能会被甩开，有些人形象地称之为"瘦身运动"，通过同样的旋转以及其他因素的共同作用，这些被甩开的"赘肉"又会形成球状的卫星。

# 太阳系中都有什么？

太阳系是银河系中的一个星系，是受到太阳引力的约束并以太阳为中心的集合体。它由8颗行星、165颗以上的卫星以及数不清的小行星、彗星、星际尘埃等小天体组成。太阳是太阳系的中心，所有的星体都围绕着太阳旋转。

我们经常提到的八大行星，按照距离太阳从近到远的顺序，依次是：水星、金星、地球、火星、木星、土星、天王星和海王星。其中，只有地球是目前已知的适合人类居住的太阳系星球，但是它的体积和质量并不是星体中最大的，木星才是最大的。在这八

大行星中，除了水星和金星，其他星体都有自己的卫星。木星的卫星数量很多，已发现的有92颗，其中，要数木卫三的直径最大。地球的天然卫星是月球，现在，随着科技进步，除了月球外还有很多人造卫星呢。

人类最早在1801年1月1日夜，发现了第一颗小行星。到今天，已经有8000余颗小行星被发现，并且注册了编号。但是，这些并不是太阳系中所有的小行星，据了解，还有50多万颗小行星等待着被我们发现。

彗星也就是我们常说的"扫帚星"，整个星体分为彗核和彗尾，彗核的直径有几千米、几十千米甚至上百千米。当彗星运行到太阳附近时，太阳风产生排斥，彗尾就有上万千米长，就像一把扫帚，所以人们习惯叫它"扫帚星"。彗星是太阳系中最特殊、形状变化最大的星体，主要由冰、石块、尘埃等组成。

我们常常看到流星，这是因为天体物质在接近地球时，受到地球引力的作用，进入大气层，与大气产生摩擦后燃烧形成的。因为燃烧会在天空形成一道耀眼的亮光，这就是我们看到的流星。如果很多流星体同时燃烧，还会形成天文学上的"流星雨"，非常壮观。大部分流星会充分燃烧，也有一些较大的流星体没有完全燃烧，落到地面，被称为陨星。

星际尘埃是一些固态的小颗粒，分散在星际气体中。据了解，它的密度相当于气体密度的1%，有人认为星际尘埃可能是由硅酸盐、石墨晶粒以及水等冰状物组成的。

# 太阳是怎么产生热量的呢?

中国古代神话里有个"后羿射日"的故事,讲的是上古时候有十个太阳,炙烤着土地,导致大地上寸草不生,人们已经到了无法忍受的程度,后羿就用箭射掉了九个,留下一个。一个太阳的热量已经足够满足花草树木生长,让动物和人类取暖。那么你知道太阳的热量是怎么产生的吗?

太阳伯伯,辛苦你了!

原来,太阳是个大火球,它表面的温度高达约6000℃,这样高的温度是我们没法去体验的,因为气温在40℃的时候人就闷得喘不过气了,100℃的开水就能把我们烫伤,2000℃已经能让铁熔化成铁水,6000℃也许已经足够毁灭地球,但是这对太阳来说不算什么,因为它中心的温度竟然高达约15000000℃。

这么高的温度是怎么产生的呢?如果燃烧煤的话得需要多少吨煤才能达到这个温度啊?如果煤用完了,太阳岂不是也被烧没了?所以肯定不是烧煤。原来这是一种叫作氢的化学元素,太阳大部分物质是由氢组成的,

能量也来自氢。氢之所以有这么大的能量,是因为氢原子核在燃烧的过程中会释放出大量的光和热。这可不是一般的燃烧过程,太阳释放的能量是由氢原子核聚变为氦原子产生的,每秒钟质量为6亿吨的氢经过热核聚变反应转变为5.96亿吨的氦,并释放出相当于400万吨氢的能量。那么有一天氢会不会燃烧完,这个问题不用担心,据科学家目前对太阳内部氢含量的估计,太阳至少还能向地球提供50亿年的光和热呢!

# 太阳会陨落吗?

　　大约46亿年前,宇宙空间中飘浮的气体和微尘互相撞击融合,聚集到一起,并且从中心开始塌陷,产生了浓烈的气体,这些气体不断旋转,形成巨大的旋涡,塌陷的中心后来就变成了太阳。太阳的周围有大量旋涡状的气体与尘埃等,主流观点认为,它们互相撞击融合,形成了太阳系的八大行星。

太阳在诞生的初期,并不会发光,但是随着温度越升越高,它的中心通过氢原子核聚变为氦原子,释放出巨大的能量,开始燃烧,并且发光、发亮,慢慢形成了我们今天见到的太阳。恒星能通过燃烧自己发出光芒,太阳也是一颗恒星。

恒星都是有寿命的,总有一天它们会燃烧完自己,太阳也不例外。那么太阳还能燃烧多少年呢?它的寿命又是多少年呢?科学家研究发现,太阳至少还能继续给地球上的人类提供光和热达50亿年,所以我们不用担心生存的问题。因为太阳是在46亿年前诞生的,这样算起来,它的寿命差不多有100亿年。

不知道你有没有听说过"红巨星""白矮星""黑矮星"呢?这是恒星从变老到彻底陨落所要经过的几个过程。

以太阳这颗恒星为例，红巨星是指太阳变老之后的样子，当它燃烧完自己以后，温度会下降，体积会膨胀，变成了又大又红的星球。这样的星球就叫作"红巨星"。

白矮星是指当太阳变成红巨星的时候，会不断膨胀到能把地球吞噬下去，这个时候地球就会被太阳残存的能量给烧得干干净净，然后太阳外围的气体也会不断飞离，只剩下中心区域的星云核心，这部分被称为白矮星。

黑矮星是指到了最后，太阳不再发光，彻底陨落的时候所形成的产物。

太阳变成黑矮星还需要差不多50亿年，所以我们不用担心，如果真到了那个时候，说不定人类已经发现了新的适合居住的星球。

# 你知道太阳是什么样子的吗？

　　万物生长靠太阳，没有太阳，地球上就不可能有姿态万千的生命现象，更不会孕育出作为高级生物的人类。那么你知道太阳是什么样子的吗？它有什么样的结构呢？

　　太阳的内部主要分为核心区、辐射层和对流层。太阳的核心区域半径是整个太阳半径的1/4，约为整个太阳质量的一半。太阳核心的温度极高，达到1500万摄氏度，压力也极大，这样才使得由氢聚变为氦的热核反应发生，从而释放出极大的能量。

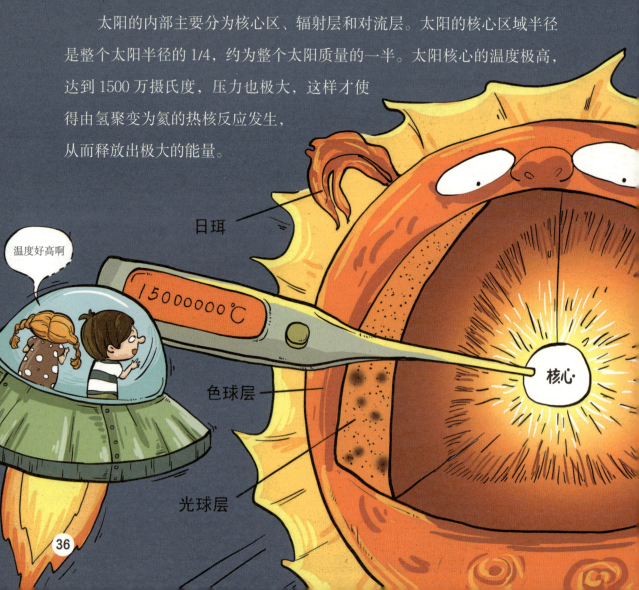

太阳中心区之外就是辐射层，这里的温度、密度和压力都是从内向外递减的。太阳中心区产生的能量的传递主要靠辐射形式，从体积来说，辐射层占整个太阳体积的绝大部分。太阳内部能量向外的传播除辐射外，还有对流过程，这一区间叫对流层。这一层气体性质变化很大，很不稳定，形成明显的上下对流运动。这是太阳内部结构的最外层。

在对流层之外是光球层。太阳光球层也就是我们平常所看到的太阳圆面，通常所说的太阳半径也是指光球层的半径。

光球层以外的一层大气称为色球层，平时不易被观测到，在日全食时，当月亮遮掩了光球层明亮光辉的一瞬间，能看到日轮边缘上有一层玫瑰红的绚丽光彩，那就是色球层。

日冕是太阳大气的最外层。日全食时，我们看到放射状的非常明亮的银白色光芒即日冕。日冕的温度比色球层高，可达上百万摄氏度呢。

辐射层

对流层

日冕

# 哪些天体围绕着太阳转呢?

作为太阳系的中心,太阳的周围有很多天体围绕着它旋转,这些天体都是谁呢?

首先是八大行星,按照距离太阳从近到远的顺序,依次是水星、金星、地球、火星、木星、土星、天王星和海王星。其次,还有一些比较小的行星,据统计,有8000多颗是被发现并编号的,但这并不是最终数据,科学家预测在木星和火星之间的小行星带,还有更多的行星有待人们去发现。还有彗星,也就是我们经常

提到的扫帚星,目前大约有1700颗被观测到,但是现实存在还没被发现的彗星比这个数字更多。还有流星体,也是不得不提的一部分,它们在行星与行星之间的宇宙空间广泛存在着,有些是几十吨重的大石块,有的却是几克的微尘,所以它们的数目无法精确统计。

除了直接围绕着太阳转的这些大行星、小行星、彗星和流星体,还有绕着行星转的卫星,它们也可以算作围绕着太阳旋转的天体,现在已经发现的天然卫星有几百颗。

太阳和围绕着它旋转的这些天体一起组成太阳系,它们好像一个大家庭一样,在这个"大家庭"里,太阳是绝对的"家长",因为在太阳系中其他所有的天体合起来才占总重的0.2%,而太阳自己就独占99.8%。正因为这样,太阳利用它强大的引力,"控制"着其他天体围绕着它旋转。

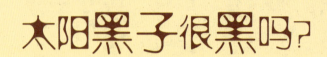

# 太阳黑子很黑吗?

太阳黑子是什么呢？它是指在太阳光亮的表面出现的一些黑色的斑点。在我国古代，对于太阳黑子现象有很多记载，其中《周易》是世界上最早记录这一现象的书。而《汉书·五行志》对太阳黑子的记录则更加详细。

那么太阳黑子很黑吗？其实，太阳黑子并不黑，它只是一种相对的说法，也就是它在和太阳其他区域比较时，亮度相对低，显得黑一些。我们知道太阳的表面温度约6000℃，中心温度高达约15000000℃，而太阳黑子分布的区域，温度有3800～5000℃，这个温度和

太阳其他区域的温度相比低很多,所以这部分看起来比较黑。

为什么会出现这种状况呢?关于这个问题,科学界至今也没有定论。一部分人认为有一个强大的磁场分布在太阳黑子的周围,正是因为这个磁场阻止了太阳中心的热量传递,造成了这部分温度低,形成了太阳黑子。但是另一部分人认为,太阳黑子区域辐射的能量不仅不少,反而比周围的多,这才导致它周围的温度低。

关于太阳黑子,有几种现象鲜为人知,那就是"本影亮点"和"本影闪耀"。"本影亮点"是指在黑暗区有时会出现一些亮点,亮度与光球层差不多。有时候,还会出现直径约为2000千米的明亮移动结,这些就叫作"本影闪耀"。关于太阳黑子的研究远没有到尽头,还需要我们后人更多的努力和探索。

# 太阳风是怎么回事?

什么是太阳风?太阳风就是指从太阳外层大气不断发射出的稳定的粒子流。它是怎么形成的呢?原来太阳日冕具有极高的温度,作用在日冕气体上的引力不能平衡压力差,流体静力也很难维持平衡,而太阳中心的热能又使日冕稳定地向外膨胀,热电离气体粒子就连续地从太阳向外流出,从而形成了太阳风。

好大的风

关于太阳风的真正起因,我们现在还不清楚。但是根据观测,发现日冕中的冕洞同地球附近的太阳风相关,寿命长的冕洞有可能是太阳风的起源。

所有观测到的太阳风都有一种无规则的起伏,这种起伏与太阳活动有关。太阳活动得越剧烈,太阳风的风速就越大,当风速降至320千米/秒时,太阳风就会处于宁静状态。

科学家们经过长期观测,发现太阳风中氦与氢的平均丰度比仅为4.5∶100,低于太阳光球中氦和氢的丰度比。这表明氢在日冕膨胀中比氦更容易脱离太阳。也就是说,不同荷质比(一个粒子所带电量和其质量的比值)的离子在日冕膨胀中会分离,导致日冕重离子的引力沉淀。太阳风一直能达到太阳系之外,并且能与星风相混合。因此,它能和各个行星的磁层发生比较复杂的作用,导致磁扰现象。

　　太阳风也是造成彗尾背向太阳的主要原因。彗星越接近太阳,彗尾就变得越长。

　　太阳风还能造成太阳质量的减小,但这是微不足道的,所以我们不必担心太阳会因为频繁的太阳风而日益缩小。

　　太阳风会对我们生存的地球造成什么影响呢?科学家认为,太阳风虽然猛烈,但不会吹到地球上来。这是因为地球磁场很好地保护了自己,使得太阳风无法穿透厚厚的地球大气层来到地球上。

# 为什么浮在宇宙中的地球不会掉下来呢?

好朋友!

我们了解了宇宙的广阔无垠之后,有时候会想这些星球没有任何东西支撑着,它们会不会脱离自身的轨道掉落下来呢?以我们的地球为例,它飘浮在宇宙中,围绕着太阳公转,并且还会自转,那么它为什么不会掉下来呢?

地球绕着太阳旋转,是受太阳引力的作用。在公转的过程中,地球也想挣脱太阳,这个力量叫离心力,引力和离心力相互作用,相互平衡,这才使地球掉不下来。

地球为什么不会掉下来呢?

如果地球想偷懒转得慢一些，或者干脆不转了，太阳的引力就会把它吸引到太阳上去，结果不是坠落那么简单，而是被太阳燃烧干净。

宇宙中所有的星体，无论是围绕着太阳旋转的行星，还是其他星体，它们之间都有某种力量相互支撑着、平衡着，哪一个也掉不下来，所以我们不要杞人忧天了。

你为什么要跑呢？

喵！

# 是什么力量让地球不停地转动？

地球不但围绕着太阳公转，自身还会绕着地轴旋转，这叫自转。地球为什么会自转呢？

也许每个对宇宙、地球有兴趣的人都会有这个疑问，英国的大科学家牛顿也这么思考过，并且在苹果树下有过一个重大发现，那就是世界上的万物相互之间都有吸引力，即万有引力。

地球和太阳、月球、星星一样，也有引力，正是万有引力的存在，地球才会自转，我们每过一天就是地球自转一圈。那么你知道地球自转的速度是多少吗？我

好痛啊！

不赶快跑会被太阳吸走的，吸走我就消失了……

们可以这么来算，地球赤道的周长大约是40000千米，一天转一圈，40000千米除以24小时，所得的结果就是地球自转的时速，约为每小时1670千米，也就是在赤道上任何一点，地球一秒钟就转约465米。

地球的公转，也是各种引力作用的结果，那么它的公转速度又是多少呢？竟然是每秒钟约29.8千米，大约是声速的88倍，火箭与它相比简直差远了。

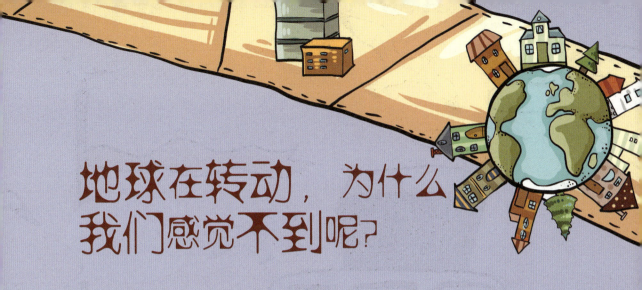

# 地球在转动,为什么我们感觉不到呢?

既然地球可以自转和公转,而且转动的速度比火车、飞机这样的交通工具快得多,那么为什么我们能感觉到火车在地上跑、飞机在天上飞,却感觉不到地球在转动呢?

这主要和我们的意识有关系,比如,平时我们经常看到汽车、轮船,无论我们坐不坐在里面,都能感觉到它们奔跑的速度,是因为有与它们相对应的参照物,比如路边静止的大树、电线杆,河上静止的大桥,另一条不同行

我们能看到汽车在跑,为什么感觉不到地球在动呢?

太阳、月亮每天都在移动。

驶速度的轮船……这些都让我们感觉到了速度。如果轮船远离岸边，航行在茫茫无际的大海中，能见到的只有几只海鸥在海面盘旋，就会让人产生错觉，好像轮船被钉在海面上没有任何移动。

我们感觉不到地球的转动，原因就在这里。我们生活在地球上，身边所有的人和事物都和我们一样，随着地球在转动，没有了相对静止的参照物，就察觉不到地球的转动。或许夜晚天上闪烁的星星能给我们些启示，它们距离我们太遥远了，短时间内也感觉不到变化，但是时间一长，我们就能明显感觉到日月星辰和四季的变化。你知道吗？这些都是地球转动的结果，也是我们判断地球转动的最好参照物。

# 月球究竟是怎么形成的？

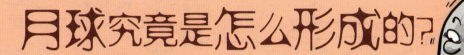

晴朗的夜晚，我们仰望星空，时常能看到一轮明月挂在空中，有时候像一个圆盘，有时候像一把银钩，带给我们许多美好的想象。月球是距离地球最近的天体。

那么月球距离地球有多远，与地球相比体积又有多大呢？

月球与地球之间的距离大约有38万千米，我们知道地球的直径大约有1.3万千米，也就是说它们之间相隔有约30个地球直径的距离。月球的直径相当于地球直径的四分之一，重量约是地球的八十分之一，绕地球转一圈需要大约27天，而且永远是同一面面向地球。

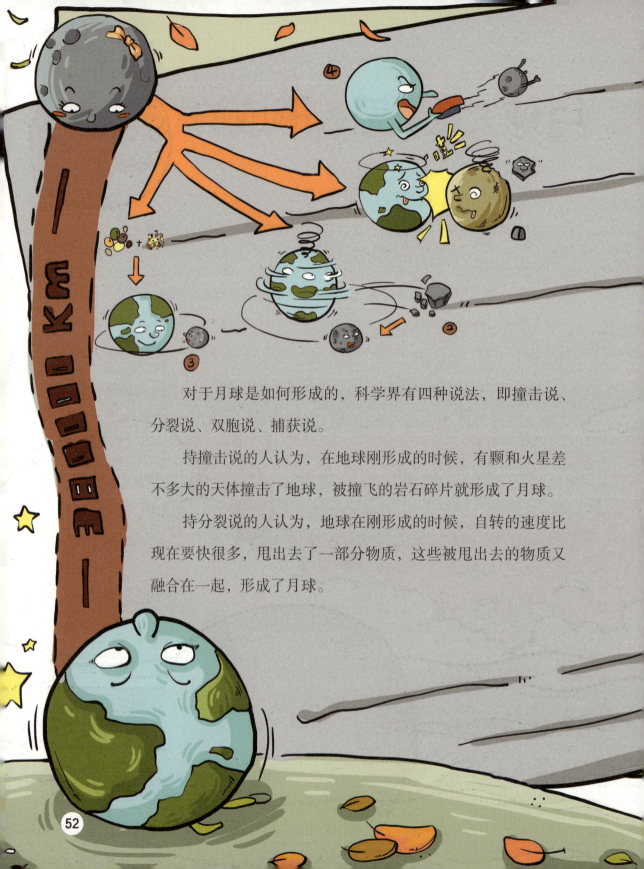

对于月球是如何形成的,科学界有四种说法,即撞击说、分裂说、双胞说、捕获说。

持撞击说的人认为,在地球刚形成的时候,有颗和火星差不多大的天体撞击了地球,被撞飞的岩石碎片就形成了月球。

持分裂说的人认为,地球在刚形成的时候,自转的速度比现在要快很多,甩出去了一部分物质,这些被甩出去的物质又融合在一起,形成了月球。

持双胞说的人则认为,太阳系在形成的时候,许多气体与尘埃聚集在一起,同时形成了地球和月球。

持捕获说的人相信,月球本来是在太阳系的某个地方形成的,在经过地球的时候被地球的引力吸引,后来就一直在地球周围绕行了。

在这四种观点中,只有撞击说为大多数人所认可,但是在很多细节和具体问题上仍没有给出明确的解答,所以也没办法肯定它就是正确答案。我们期待科学的进一步发展来给我们解答。

哪个才是正确答案啊?

# 月球上到底有没有水?

地球之所以适合人类居住,是因为它有丰富的水资源。水是人类的生命之源,离开了水,人类将不能生存。那么与地球最近的月球上面有没有水呢?

1996年在"克莱门汀1号"探测器拍摄回来的1500张月球表面的照片中，关于一张照片中是否是月球南极的冰湖，引起了科学家的激烈讨论。1998年1月6日，"月球勘探者"顺利发射，1月11日进入月球轨道，利用它携带的一种先进仪器，开始寻找水源。这种仪器能敏锐发现水的组成元素之一——氢，即使一立方米的土壤中只有一小杯水的含量，它也能精确探测出来。50天以后，科学家们终于在月球两极的盆地底部发现了水源，那里常年得不到阳光的照射，温度极低，约-190℃甚至更低，水都结成了冰，在土层下面掩盖着。那么月球上的水多吗？2009年11月13日，美国航天局科学家安东尼·科拉普雷特告诉人们，月球上的水含量巨大。

那么月球上的水是怎么来的呢？有些科学家认为，它来自经常撞击地球的彗星。彗星含水量丰富，达到30%～80%，彗尾部分水蒸气竟然高达90%，这些水在阳光的照射下形成水蒸气，凝结在月球的两极，与尘土结合在一起，埋在月球两极的土层下面。

如今人口数量不断激增，地球环境遭到破坏，人类的生存条件越来越恶劣。科学家一直在太阳系寻找着其他拥有水源的星球，为开发利用甚至移居其他星球提供可能。现在月球上已经发现了大量水源，随着科学技术的进步，人类进驻月球将不再是梦。

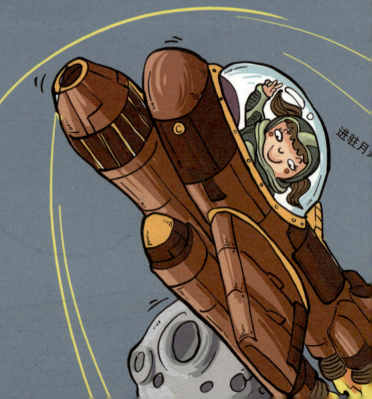

# 为什么月亮会有圆缺变化呢？

在地球上看，月亮的形状经常发生变化，它圆了又缺，缺了又圆，时而弯月斜挂，时而银盘高悬。那么，月亮为什么会有圆缺变化呢？

这是因为月亮跟地球一样，自身是不会发光的，而且不透明，它是反射的太阳光，只有被太阳照亮的那部分才显得亮堂堂。另外，月亮是围绕地球转动的一颗卫星，它和太阳、地球的相对位置不断发生着变化，所以我们看到的月亮会有阴晴圆缺。

月亮绕着地球转一圈就是农历的一个月，这也是月亮变化的周期。

农历初一，当月亮转到地球和太阳中间，这时候月亮朝向地球的一面照不到太阳光，在地球上无法见到，这就叫新月，也叫朔月。

新月以后两三天,月亮沿着轨道慢慢地转过来,太阳光逐渐照亮它向着地球这半球的边缘,于是我们在天空中就看到一钩弯弯的月牙了。

这以后,月亮继续转过来,它向着地球的这半球照到太阳光的面积一天比一天多,等到第八天左右,月亮向着地球的这半球,有一半照到了太阳光,于是我们在晚上就看到半个烧饼似的月亮,这就是上弦月。

到了农历十五、十六,月亮渐渐转到与太阳相对的一面,它向着地球的半面,受光面积越变越大。当地球处在月亮和太阳之间的时候,月亮的受光部

分完全面向地球，我们就看到一个银盘似的圆月，这就是满月，又叫望月。满月照射的时间只有一两天。以后，月亮的位置继续移动，它面向地球的受光部分慢慢变小，又变成半圆形的月亮，再变成弯弯的眉月。快到月底的时候，就变成了残月。

到了下月初一，又是朔月，开始新的循环。月亮的形状就这样周而复始，不停变化着。

# 月亮怎么老是跟着我走呢?

晴朗的明月夜,你有没有发现,你走,月亮也跟着你走。天上的月亮真的会跟着我们走吗?当然不会。其实这是人的视觉特性造成的。我们都很清楚,人的视野是有一定范围的。在走动的时候,近旁的东西一会儿就在视野里消失了。比较远一些的东西,在视野里占的范围较小,所以就消失得比较慢。

打个比方吧，我们坐在车里，车前行时，如果朝窗外看，好像景物在往后退，离车越近的景物退得越快，离车越远的景物退得越慢，而更远处的山或房子，好像在跟着你前进。这与月亮会跟着人走的道理是一样的。一方面月亮离我们约38万千米，非常遥远，所以，无论我们什么时候看见它，它都好像在跟着我们走。另一方面在没有什么东西遮挡住它反射的光辉时，不是月亮跟着我们走，而是我们走到哪儿也走不出月光的范围。

怎么我去哪里，月亮就跟着我去哪里？

# 火星是火红色的吗？

火星表面有一层像火一样的红色，从望远镜中观看，火星就像一团燃烧的火球，在太空中分外耀眼。

火星是太阳系八大行星之一，是太阳系由内往外数的第四颗行星，属于类地行星，直径约为地球的一半。红色外表主要是因为火星地表的赤铁矿（氧化铁）。

我是赤铁矿噢！

火星上面真的有火吗？当然不是，那都是地表的赤铁矿的颜色。

火星表面的岩石含有较多的铁质。当这些岩石受到风化作用而成为沙尘时，其中的铁质就会被氧化成红色的氧化铁。火星表面非常干燥，没有液态水的存在，这使火星上的沙尘极易在风的吹动下到处飞扬，甚至发展成覆盖全火星的尘暴。1971年，当"水手9号"空间探测器飞临火星上空时，就曾观测到一次巨大的尘暴。正是这种反复发作的尘暴，使火星表面几乎到处都覆盖着厚厚的氧化铁沙尘，从而呈现出了红色的面貌。

# 火星上是否也有生命呢?

一直以来，人类都在火星表面搜索奇特生命的迹象。2013年3月初，美国宇航局"好奇号"火星车发现火星岩石中存在含水矿物质的可靠证据，该岩石样本位于之前"好奇号"挖掘黏土层的邻近位置。"好奇号"科学小组宣称，科学家通过对该火星车挖掘的泥岩粉末样本分析得出结论，火星远古时期的环境状况适宜微生物生存。

然而，火星的大气密度大约只有地球的1%，非常稀薄。火星大气层的成分95%是二氧化碳。温度低，表面平均温度为-55℃，昼夜温差超过100℃，水和二氧化碳易冻结。另外，火星表面大气压相当于地球三四十千米高处的压力，火星表面的氧化铁沙尘，有时还会形成弥漫全球的沙尘暴，所以目前看来，火星上存在生命的可能性很小。

累死我了，什么都没有嘛!

# 水星上为什么没有水呢?

水星是目前所知太阳系中距离太阳最近的一颗行星,太阳系八大行星中最小的一颗,直径只有约4880千米,水星的质量只有地球的约5.5%。因为它很轻,引力也很小,因而不能吸引住自己周围的大气,就算远古时期曾有过大气存在,经历漫长的岁月后,也会一点一点飞散掉

了。水星极其稀薄的大气主要是由从太阳风中俘获的气体组成的，其密度只有地球大气的12%。主要成分为氦、汽化钠和氧等。

因为与太阳非常接近，所以它的白昼地表温度超过400℃，就算有水也化成水蒸气了；而到晚上又骤降至-170℃以下，温度非常低，所以也不可能有液态水。不过，是否有少量结成固体的冰，至今还没法证实。

这样看来，水星只不过是人们给它起的名字，并不是因为有水而得名的。

# 什么是流星呢？

流星，是指流动的星星吗？夜幕降临，群星闪烁，天边一道道闪亮的弧线划过，这转瞬即逝的美丽身影便是流星。那流星究竟是什么呢？

原来，太阳系内除了太阳、行星、卫星、小行星、彗星外，还存在着大量的尘埃微粒和微小的固体块，它们也绕着太阳运动。这些星际物质有大有小，都有属于自己的速度和运行轨道，它们也叫流星体。在接

我们是宇宙中尘埃颗粒和微小固体块……

看，流星！

好漂亮啊！

近地球时由于地球引力的作用,流星体的轨道会发生改变,这样它们就有可能穿过地球大气层;或者,当地球穿越它们的轨道时,流星体也有可能进入地球大气层。

由于这些微粒与地球"相撞"的速度很高,每秒可达 11~72 千米,流星体在高速运动中与大气分子发生剧烈摩擦而燃烧发光,在夜间天空中表现为一条光迹,这种现象就叫流星,一般发生在距地面高度为 80~120 千米的高空中。

# 流星会落到地上来吗？

一颗流星往往在天空中一闪而过，一眨眼的工夫，就消失得无影无踪了。那么它会落到地球上来吗，还是就这样消失了呢？

太阳系内存在着大量的尘埃微粒和微小的固体块，这些星际物质叫作流星体。它们也绕着太阳运动，有大有小，大的几十吨像座山，小的也就芝麻绿豆般大，或者更小。流星体都有属于自己的速度和运行轨道，互不干扰。

　　流星体的质量一般很小,在围绕太阳转动的过程中,如果与地球相遇,就会以很高的速度进入大气层,并与大气分子、原子碰撞摩擦而燃烧发光,从而产生流星划过天空的景象。因为流星一般发生在距地面高度为80~120千米的高空中,大部分流星体在进入大气层后就燃烧殆尽了,只有少数大而结构坚实的流星体,才能因未燃烧尽而有剩余固体物质降落到地面。

# 天上的星星为什么不会掉下来?

树上的苹果熟了,会掉到地上。新年放的爆竹,"砰"的一声,飞得很高,还是会掉下来。但是,天空中那么多的星星,千百万年来一直闪亮着,为什么不会掉到地上来呢?

从古时候开始,人们就一直在想这个问题,想了几千年。直到有个叫牛顿的科学家,他想通了这个问题。牛顿说:"世界上所有的东西,相互间都有一种吸引力,东西越大,吸引力也越大。"(万有引力定律)苹果啦,爆竹啦,之所以会掉到地上来,就是因为地球的吸引力把它们吸

引下来的。天上的星星,并不是挂在什么地方,而是自己浮在那里,还沿着轨道飞奔着。它们一面飞奔,一面吸引,这两种力量合在一起,所有星体都在拉扯别的星体,大家都有自己的位置和运行轨道,这就形成了现在我们看到的满天星星。

# 白天怎么看不到星星呢?

提起星星,我们总会联想到黑夜,仿佛星星只是在黑夜里才有,就好像说起太阳,总会联想到晴空万里的白天一样。的确,白天本身就是太阳带来的,可是星星呢,难道真的只是黑夜里才会有的吗?

星星实际上是天体。这些天体中,我们肉眼看得见的除了少数几颗是行星外,绝大多数都是恒星。它们一天到晚,一年到头都亮着。之所以白天看不到

星星，是因为白天太阳中的一部分光线被地球大气所散射，把天空照得十分明亮，我们就看不出星星来了。如果没有大气，天空是黑洞洞的，即使阳光十分强烈，我们在白天也能见到星星。

现在，白天里想要看星星，只要用一架天文望远镜就可以了。通过天文望远镜，我们可以人工制造一个"小黑夜"，或者使天空背景变暗，就可以在白天观看星星啦！

# 为什么星星喜欢"眨眼睛"呢?

长时间观察星星的人也许会有一个疑问,许多星星一明一暗的,仿佛在调皮地眨着眼睛,这是为什么呢?

宇宙中,发光的星星是恒星。由于它们有大有小,发光能力就有强有弱;距离地球有远有近,它们发出的光在传到地球的过程中损耗的能量不同。所以有的星星很亮,有的不亮。

星星离我们很遥远,星光本身也并没有闪动。星星"眨眼睛"是一种光的折射的表现。

地球周围有一层厚厚的大气层,而且大气层的疏密程度并不相同,离地面越近空气越稠密,而高空的空气则相对稀薄。并且大气通常处于流动状态,热空气不断上升,冷空气持续下降,以至于相同地区的大气疏密程度也在变化之中。当恒星发射的光线穿过地球大气层时,光线就会在这些不同密度的大气层中被不断地折射着,因而到达我们眼中的光线也就闪烁不定了。

# 你知道星星也要分等级吗?

宇宙中,有的星星发光,有的不发光,有的发的光很亮,有的不太亮。针对能发光的星星,天文学家创造出了"星等"这个概念来衡量星星的明暗程度。星等,通俗的说法就是星星的等级。星等值越小,星星就越亮;星等值越大,它的光就越暗。星等的表示方法,记为 m。它最早是由古希腊天文学家喜帕恰斯提出来的。

整个天空肉眼能见到的 6000 多颗恒星可分为 6 等。肉眼刚能看到的定为 6 等星，比 6 等亮一些的为 5 等，依次类推，亮星为 1 等，更亮的为 0 等以至负的星等。例如，太阳是 -26.7 等，满月的亮度是 -12.6 等，金星最亮时可达 -4.4 等。1 等星的亮度恰好是 6 等星的 100 倍。

同时，星星距离我们地球的远近不同，星星的明暗程度也不同。距离地球较近的星星亮度自然就高，而距离地球较远的星星就会显得很暗。

太阳是恒星，火星、地球都不是恒星，是行星。

## 什么是恒星呢?

恒星是能自行发光、发热的炽热星体。恒星普遍存在于宇宙中。

太阳是距离我们最近的一颗恒星。我们所能看到的满天繁星,除少数几颗行星外,都是恒星。

恒星诞生于太空中的星际尘埃(科学家形象地称之为"星际云")。

恒星的青年时代是一生中最长的黄金阶段,即主星序阶段。这一阶段占据了它寿命的90%。在这段时间,恒星以几乎不变的恒定光度发光发热,照亮周围的宇宙空间。

但在此以后，恒星将变得动荡不安，变成一颗红巨星；然后，红巨星将在爆发中完成它的使命，把自己的大部分物质抛射回太空，留下的残骸也许是白矮星，也许是中子星，甚至产生黑洞……就这样，恒星来之于星云，又归之于星云，走完它"辉煌的一生"。

恒星由于其相对位置几乎保持不变而得名。但实际上，它们都在以很高的速度运动着，只是因距离地球都非常遥远，在短时间内我们难以察觉。

恒星本身大多数是由轻的元素组成的，比如说氢和氦，而氢和氦在其内部发生着热核反应，即核聚变。换句话说，恒星每分每秒都发生着数以

亿计的氢弹爆炸，温度非常高。由于恒星的体积很大，虽然是由轻的元素组成，但是它的质量非常大，因而产生了相当大的引力。

根据其不同的物理性质，恒星可分为多种类型。例如，按亮度变化分，有变星、耀星、新星和超新星；按光度分，有光度大的巨星、超巨星，光度小的矮星；按颜色分，有红色的红星、蓝色的蓝星，等等。跟我们关系最密切的太阳在宇宙中只是一颗普通的恒星。

# 恒星的温度是不是特别高呢？

夏天，我们总会觉得很热，可见太阳的温度很高。太阳内核的温度高达约 15000000℃，在那儿发生着氢－氦核聚变反应。我们所能用肉眼看到的是位于太阳表面的光球层。光球层比较活跃，温度约为 6000℃，属于比较"凉爽"的部分。

然而在恒星的世界里，太阳的温度不是最高的。恒星是由炽热气体组成的。在恒星的中心，温度可以高达数百万摄氏度乃至数亿摄氏度，具体情况视恒星的演化阶段而定。一般认为恒星进入主星序之后，中心温度在 700 万摄氏度以上，开始发生氢聚变成氦的热核反应。这个过程很长，是恒星生命中最长的阶段。氢燃烧完毕后，恒星内部收缩，外部膨胀，演变成表面温度低而体积庞大的红巨星，并有可能发生脉动。那些内部温度上升到近亿摄氏度的恒星，开始发生氦碳循环。最后，一部分恒星发生超新星爆炸，气壳飞走，核心压缩成中子星一类的致密星而趋于"死亡"。

# 每颗行星都有自己的卫星吗？

卫星是环绕一颗行星按闭合轨道做周期性运行的天体。行星环绕着恒星运转，天然卫星环绕行星运转。

在太阳系中，太阳是恒星，地球及其他行星环绕太阳运转，月球是地球的天然卫星，就围绕地球运转。土星的天然卫星最多，已发现的有145颗，木星的天然卫星居于第二位，已发现的有92颗。天然卫星的大小不一，彼此差别很大。其中一些卫星的直径只有几千米，例如火星的两个小月亮，

围着太阳转的是八大行星。

还有木星、土星、天王星外围的一些小卫星。还有几个卫星竟比水星还大，例如，土卫六、木卫三，它们的直径都超过了5000千米。

在太阳系里，除水星和金星这两大行星的卫星尚待发掘外，其他行星都有已知的天然卫星。太阳系已知的天然卫星总数有几百颗。太阳系内最大的卫星（直径超过3000千米）包括地球的卫星月球，木星的伽利略卫星：木卫一、木卫二、木卫三、木卫四等。

# 小行星的世界是什么样子的?

小行星是太阳系内类似行星环绕太阳运动,但体积和质量比行星小得多的天体。

迄今为止,在太阳系内一共发现了约70万颗小行星,但这可能仅是所有小行星中的一小部分。这些小行星只有少数直径大于100千米。到1990年为止,最大的小行星是谷神星,但21世纪起在柯伊伯带以内发现的一些小行星的直径比谷神星要大,比如:2000年发现的伐楼拿(Varuna)

的直径为 900 千米；2002 年发现的夸欧尔（Quaoar）的直径为 1280 千米；2004 年发现的厄耳枯斯（Orcus）的直径甚至可能达到 1800 千米。2003 年发现的塞德娜（Sedna 小行星 90377）位于柯伊伯带以外，其直径约为 1500 千米。

　　小行星是太阳系形成后的物质残余。小行星的命名权属于发现者。早期人们喜欢用女神的名字来给它们命名，后来改用人名、地名、花名乃至机构名的首字母缩写词来命名。

# 你知道如何定位北极星吗?

在北半球,北极星无疑是最重要的一颗指示方向的星体了。在星空背景上,北极星距离北天极不足1°,故在夜间找到了北极星就基本上找到了正北方。北极星属小熊星座,是其中最亮的一颗(2等星)。由于小熊星座众星除北极星外都较暗,因此,通常根据北斗七星来寻找北极星。

北斗七星是大熊星座的主体。其形状像一把勺子，我国民间又称其为"勺星"。从斗口边两星（指极星）的连线向斗口外延长5倍左右，便可找到北极星。北极星附近相当大的一片区域里，没有比其更亮的星星了，所以，用这种方法是极易找到它的。因此，谚云："识得北斗，天下好走。"

当北斗七星由于运动旋转到较低位置，甚至没入地平线以下时，则可根据仙后座来寻找北极星。仙后座主体由五颗亮星组成，形似拉丁字母"W"，常称为"W星"。"W星"和北斗七星分居北极星两侧大约对称的位置。二者在星空中遥遥相对，非常显眼。当北斗七星位置较低不易观察时，"W星"正好高悬天庭。在"W星"缺口中间的前方，约为缺口宽度的两倍处，即可找到北极星。

顺便指出，由于北极星紧靠北天极，因此，只有北半球的人们才可用其辨别方向。

这是北斗七星。

北斗七星组成的图形永远不变吗？它永远是找北极星的"工具"吗？当然不是这样。宇宙间一切物体都在运动和变化之中，恒星也不例外。既然恒星也在运动，那么北斗七星组成的图形当然也在变化。这七颗星离我们的距离不等，在70～130光年，它们各自运行的速度和方向也不一样。天文学家们已经算出，10万年前看到的北斗七星组成的图形和10万年后将要看到的图形，都和今日的大不一样。

# 你知道什么是星座吗?

这是天蝎座。

　　星座是指天上一群在天球上投影的位置相近的恒星的组合。不同的文明和历史时期对星座的划分可能不同。现代星座大多由古希腊传统星座演化而来,由国际天文学联合会把全天精确划分为88星座,使天空每一颗恒星都属于某一特定星座。为认星方便,人们按空中恒星的自然分布划成若干区域,大小不一,每个区域叫作一个星座。用线条连接同一星座内的亮星,形成各种图形,根据其形状,分别以近似的动物、器物或神话人物命名。

　　人类肉眼可见的恒星有6000多颗,每颗均可归入唯一一个星座,每一个星座可以由其中亮星构成的形状辨认出来。

# 什么是人造卫星？

卫星，是指在宇宙中所有围绕行星运转的天体。环绕哪一颗行星运转，就把它叫作那一颗行星的卫星，比如月亮环绕着地球旋转，它就是地球的卫星。

人造卫星就是我们人类人工制造的卫星。科学家用火箭把它发射到预定的轨道，使它环绕着地球或其他行星运转，以便进行探测或科学研究。围绕哪一颗行星运转的人造卫星我们就叫它是那一颗行星的人造卫星，比如最常用于观测、通信等方面的人造地球卫星。人造卫星按照运行轨道不同分为低轨道卫星、中高轨道卫星、地球同步轨道卫星、地球静止轨道卫星、太阳同步轨道卫星、大椭圆轨道卫星和极轨道卫星；按照用途划分，人造卫星又可分为通信卫星、气象卫星、侦察卫星、导航卫星、测地卫星、截击卫星等。这些种类繁多、用途各异的人造卫星为人类做出了巨大的贡献。

# 你听说过陨星雨吗？

流星雨是夜空中许多的流星从天空中一个所谓的辐射点发射出来的天文现象。这些流星是宇宙中被称为流星体的碎片，在平行的轨道上运行时以极高速度投射进入地球大气层。大部分的流星体要比沙砾还要小，因此大部分流星体会在大气层内被销毁，

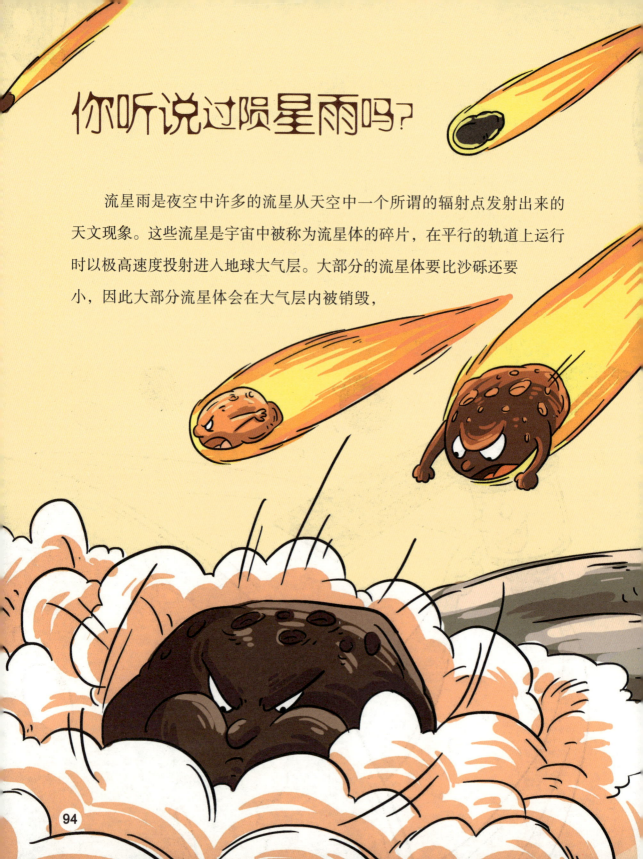

不会击中地球的表面;能够撞击到地球表面的碎片称为陨石。如果一次流星雨中坠落了很多陨石,我们就形象地称之为陨星雨。

在埃及新发现的世界最大陨星场内,有上百颗巨大的坠落的陨石。一个法国和埃及考察小组已经在这个场址进行挖掘。科学家们称,这些陨星雨的残余物是5000年之前撞击地球的,覆盖面积达5000平方千米。由于巨大的冲撞力,陨石在坠落到地面时撞出了20米至1000米直径不等的坑。有的陨石一直钻入地表下80米深的地方。

# 什么是极光？

极光是在北极或者南极的夜空中出现的一种光，呈现红、绿、粉红、蓝等不同的颜色。它有时会像随风摆动的窗帘一样缓缓移动，有时会让夜空的一部分发出朦胧的亮光。如果想要看到极光，那就要去靠近北极或者南极的地方，比如，有些人为了欣赏到美丽的极光，专程去阿拉斯加旅行。

好美的极光啊！

为什么会有极光这种现象产生呢？有一种理论认为极光的形成和太阳有关系。

　　太阳一刻不停地向外喷发一种叫作"太阳风"的稀薄气流，这种气流里面含有带电的粒子，可以每秒几百千米的速度吹向地球。

　　地球是一块大磁石，磁石的周围有一种力量，叫作"磁力"。"磁力"发生作用，形成"磁场"。地球这块大磁石形成的磁场，像是栅栏一样阻止着太阳风进入地球。可是，磁石两极的磁场很薄弱，地球磁场的两极便不能阻止所有太阳风，所以一部分太阳风有机会进入地磁南极或者地磁北极的上空。当太阳风进入地磁南极或者地磁北极上空时，太阳风里面带电的粒子如果在高空和氧或者氮互相撞击，便会发出光，这种光就是极光。带电粒子撞击的如果是氧，极光就会呈现红色或者绿色；如果是氮，极光就会变成粉红色或者蓝色。

　　极光出现的频率和强度与太阳活动成正比，也就是说，太阳活动越旺盛，就越有可能出现极光；而且在太阳活动旺盛的时候，人们即使在距地磁北极或者地磁南极有一定距离的地方，也会有看到极光的可能。

# 日食和月食是怎样形成的？

日食和月食的出现是由地球和月球的运动引起的。地球在太阳系中围绕着太阳进行接近圆周的运动，月球则是围绕着地球转动的。当月球转到太阳和地球的中间，并且它们三个点形成一条直线的时候，月球正好挡住了太阳射向地球的光线，于是便产生了日食现象。当月球转到地球的后面，并且它们三个点形成一条直线或者差不多是一条直线的时候，地球正好挡住了太阳射向月球的光线，于是便产生了月食现象。

但是，因为人们在地球上所处的位置不一样，或者月球和地球的距离远近不一样，所以，人们看到的日食和月食是不一样的。比如，日食分为全食、环食、全环食、偏食等不同的情况；月食则只分为全食和偏食两种。

当日食发生的时候，月球把太阳挡住了，在地球上生活的人们便能够看到月球的影子。如果这个时候，有人正好处于月球本影扫过的地方，那他就完全看不到太阳了，这种现象就叫日全食；要是有人所站的地方被月球半影扫过，那他看到的太阳就被月球遮挡了一部分，这种现象就叫日偏食；当月球离地球非常远的时候，月球的影子到达地面就很难了，如果人们所

站的位置正好是月影的延长线区域，他们就会看到太阳的中心部分被月球挡住了，这种现象就叫日环食；同一次日食发生的过程中，由于月球和观测点之间距离的变化，有的地方能够看到日全食，有的地方能够看到日环食，这种现象就叫全环食。

当月食发生的时候，如果太阳的一部分光线被地球的本影挡住，人们就只能看到月亮的一部分，这种现象就叫月偏食；如果太阳的光线全部被地球的本影遮挡住了，人们就完全看不到月亮了，这种现象就叫月全食。

# 黑洞是怎么形成的?

黑洞也是一个星球（类似星球），只是和其他的星球相比，它的密度非常大，一旦有物体靠近它，就会全部被它的引力约束起来。因为黑洞的第二宇宙速度比光速还要快，所以，一旦有光射进去，就没有办法再反射回来了。如果我们用肉眼看一个黑洞，就只能看到一片黑色。

那么，黑洞是怎么形成的呢？

黑洞很可能是由恒星演化而形成的。如果一颗恒星衰老了，它中心的燃料（氢）被热核反应用完了，由中心产生的能量剩余的已经不多了。这个时候，

它所有的力量已经承担不起外壳巨大的重量了。外壳沉重的压力会使核心开始塌缩，不断地塌缩使它的体积变得很小、密度变得很大，最终变成一颗新的星体。如果是质量比较小的恒星，它大多变成白矮星；如果是质量比较大的恒星，它就有可能变成中子星。

根据科学家的猜想，谁也阻挡不了物质向衰老恒星的中心点进军，直到它变得体积很小、密度很大，变成一颗新的星体。当它半径收缩到一定程度的时候，在巨大的引力之下，任何物质都没有办法向外射出去，这样一来，恒星和外界的所有联系就被全部切断了。这种情况就产生了"黑洞"。

还有一种特殊的黑洞，它叫量子黑洞。它的产生是由于原子的塌缩，而不是由于很大质量的星体的塌缩。这么说来，量子黑洞只有在一种条件下才能够形成，那就是大爆炸。不过，量子黑洞被观测到几乎是不可能的，到现在，它还只是在理论推想中存在。

# 为什么会有极昼、极夜现象呢？

为什么在高纬度地区会发生极昼、极夜这种现象呢？原来，当北半球进入夏季时，太阳直射点朝着北回归线移动，白天长，夜晚短，纬度越高的地方白天就越长，太阳一直不落，24个小时都是白天，这种现象就称为"白夜"或者"极昼"。同一个时间，在南极圈上，一整天都见不到太阳，这种现象就称为"极夜"。

其实，之所以会形成极昼与极夜，是因为地球在以一个椭圆形轨道围绕着太阳公转的同时，还在围绕着它自己倾斜的地轴旋转。原来，当地球自转时，地轴和它的垂线之间形成了一个大约是23.5°的倾斜角，所以当地球公转时，就会有6个月在两极之中有一极总是朝着太阳，全部是白天；另一极总是背向太阳，全部是黑夜。极昼、极夜这种神奇的自然现象只在南极和北极才会发生，其他的大洲是不可能发生的。

# 彗星怎么还有"尾巴"呀?

你们见过彗星吗?民间有俗语称它们为"扫把星",形容它们背后拖着的那个大"尾巴"。

彗星是太阳系里面一种质量非常小的天体,它们的质量如果和地球进行对比的话,也就只有地球的几千亿分之一。它们一般都围绕着太阳沿一个扁扁的轨道运行,通常运行一圈所需要的时间至少几年,而最多则需要几百年,有时候需要更长的时间。那些看起来像云雾形状的彗星,它的主要部分是彗核,而彗核是由冰物质组成的。当彗星离太阳很近的时候,彗核里

的冰物质就会发生升华反应,变成气体,以云雾的形状围绕在彗星的周围,这就是彗发。彗发里面的微尘以及气体受到太阳风的排斥,形成一条长长的彗尾,拖在背向太阳的那一面。

那么,彗尾有时候有一条,有时候有好几条,这又是为什么呢?彗尾有很多的形状,我们可以把它们归纳一下,分成三种类型,也就是Ⅰ型、Ⅱ型、Ⅲ型。这里面Ⅰ型彗尾又叫气体彗尾或者离子彗尾,它看起来又直又细,带着一点很浅的蓝色。Ⅱ型和Ⅲ型彗尾合在一起叫作尘埃彗尾,因

为它们都是由尘埃组成的，看起来是淡淡的黄色。它们和Ⅰ型彗尾相比显得更宽一点，更弯曲一点。如果是对Ⅱ型和Ⅲ型彗尾进行比较的话，我们又会发现，Ⅱ型彗尾弯曲得轻一点，而Ⅲ型彗尾弯曲得更厉害一点。

因为彗尾里面有气体也有尘埃，所以如果一颗彗星运行到离太阳比较近的地方，就很有可能在同一时间形成气体彗尾和尘埃彗尾两种彗尾，这就是为什么我们经常看到有的彗星拖着两条以上的尾巴。

# 哈雷彗星的名字是怎么来的呢？

哈雷彗星之所以叫哈雷彗星，是因为它的发现者的名字叫作埃德蒙·哈雷。他是英国的一名天文学家，人们为了纪念他，将他发现的这颗彗星命名为哈雷彗星。哈雷彗星差不多每76年就会回归地球一次，1986年2月19日是它最近一次光临地球的时间。

哈雷彗星主要是由凝结成冰的水、尘埃还有大石块组成的。它的彗尾非常壮观,彗发也非常美丽,但是,它的彗核却和它的彗尾、彗发完全不同。它的彗核又脏又丑,整体看起来就像是一个十分松散而又特别脏的大雪堆。

在哈雷彗星运行的过程中,有很多尘埃和气体被不停地向外抛射出来。从它上次回归到现在,它一共损耗了大约1.5亿吨的物质,彗核的直径也比上次回归的时候缩小了4～5米。如果一直这样下去,它的寿命可能不会超过100万年。

# 天文学上计算距离为什么要用光年呢？

光年是一个长度单位，人们用光年来表示光在真空中沿直线传播一年的距离，1光年大约有10万亿千米那么长。

在日常生活中，我们计算长度一般都是用厘米、米、千米这些单位。比如，我们经常会说，一块玻璃有1厘米厚；一个人的身高是1.8米；两个城市之间相隔1000千米，等等。通过这几个例子，我们能够看出，小一点的单位一般用来表示比较小的距离；而大一点的单位一般用来表示比较大的距离。

38万千米

千米这个单位也可以用于天文学。比如,我们经常会说,地球赤道半径的长度约为6378千米;月亮直径的长度约为3476千米;月亮和地球之间距离的长度约为38万千米等。

人们发现速度最快的是光,光一秒钟走过的距离差不多有30万千米,1年走过的距离差不多有10万亿千米。所以,人们习惯用光1年走过的距离——光年,当作表示距离的单位,来计算天体之间的距离。现在,天文学家计算天体之间距离的单位

> 地球与月球离得这么远!

就是光年。在天文学上，它已经成为一个基本单位了。

天文学上用来计算距离的单位，其实并不是只有光年一个，还有很多别的计量单位。在这些单位里面，有的单位比光年小，例如天文单位，它是地球和太阳之间的平均距离（1天文单位相当于14960万千米），在太阳系的范围里面，计量天体和天体之间距离的时候，一般就可以用上它了；也有的单位比光年大，例如秒差距（1秒差距差不多等于3.26光年）、千秒差距、兆秒差距，等等。

## 什么是宇宙飞船?

宇宙飞船是一种航天飞行器,也叫载人飞船,属于返回型载人航天器。宇航员利用它去外层空间执行航天任务,然后返回地面。宇宙飞船既可以作为在地面和空间站中间往返的一个"载体",也可以单独进行航天活动,

还可以与空间站之类的航天器对接，然后和它们一起进行联合飞行。它一般可以运行几天到半个月的时间，通常可以搭载2～3名航天员。

　　宇宙飞船一般情况下是由两个舱组成的。一个叫作密封载人舱，又叫作航天员座舱。它位于宇宙飞船的上面，里面有供水、供氧气等生命保障系统来保障航天员的生活，还有姿态控制系统用来控制飞船姿态，信标系统用来测量飞船飞行轨道，降落伞回收系统用来保障着陆安全，弹射座椅系统用来应急救生。另一个舱叫作设备舱，舱里面有制动火箭系统用来使载人舱脱离飞行轨道并返回地面，电池用来供应电能，气瓶用来储气，除了这些，里面还有喷嘴等其他系统。

# 宇宙飞船内为什么要加压密封？

大家都知道，海拔越高，气压就越低。当宇宙飞船飞到几万米高的空中，气压就会越来越低。这个时候，宇航员坐在飞船里面，他的血液里氧气、氮气和水分的含量也会随着气压的变化不断发生着变化。

第一，血液主要是用来给全身输送氧气的。当人体处于正常状态的时候，它的血氧饱和度应该是99%～100%，当人体所处的高度超过3000米的时候，血液中氧的饱和度便会降低，人便会因为缺氧而产生恶心、眩

宇宙好美丽啊！

晕、反应迟钝等一系列缺氧症状。而宇航员是要飞到大气层以外的高度，则需要强壮的身体和坚强的意志。

第二，当人体到达的高度超过5000米的时候，血液里面的氧含量就会更低，也会对宇航员正常的生理机能造成影响，让宇航员出现呼吸困难、神经麻痹、休克等反应，最严重的甚至会导致死亡。

第三，当气压非常低的时候，水分会发生沸腾，人体里面的水分也会变成气体，只需要几秒钟的时间，气泡就会出现在皮肤下面，并且会很快地向全身扩展，这种反应的后果的严重程度超出人们的想象。

就是因为以上这几条，为了维持气压的正常，我们才必须对宇宙飞船进行加压密封处理。除了这么做以外，当宇航员进入密封舱里面的时候，为了保证生命安全，他们还必须要穿上进行过加压密封处理的宇航服。

# 为什么天文台的屋顶是圆形的?

我们平常看到的屋顶,要么是平的,要么是斜坡形的。只有天文台的屋顶不一样,它是圆形的,并且是银白色的。

这些看起来银白的、半球形的屋顶,其实是天文台的观测室。

如果我们走近观察还会发现,半球上从屋顶的最高处一直到屋檐的地方有一条很宽的裂缝。如果走到屋子里面去看就会知道,那条宽宽的裂缝,其实是一个非常大的天窗。正是通过这个巨大的天窗,庞大的天文望远镜才能指向辽阔的太空。

为什么科学家把天文台观测室设计成半球形呢?答案是为了便于人们的观测。在天文台里面,人们不能随便移动那些用来观测太空的天文望远镜,因为它们一般都非常大。而且人们观测的目标,不是只分布在一个方向,而是分布在天空的四面八方。所以,天文台的屋顶才被建造成了球形。为了使观测研究更加方便,人们还将一种机械旋转

系统安装在圆形屋顶和天文台墙壁的结合部，并利用计算机对它进行控制。当人们利用天文望远镜对太空进行观测的时候，就可以随时结合观测的需要，通过转动圆球形屋顶，将天窗和望远镜移动到同一个方向，然后将天文望远镜的镜头进行上下调整，这样，望远镜就都能够指向太空中所有需要观测的目标了。

当人们不需要进行观测的时候，可以关上圆顶上面的天窗，就能够防止天文望远镜受到风雨的侵袭了。

# 陨石是怎么回事？

你知道天上有时候会掉落下很大的石头吗？这种石头就叫作陨石。别的天体闯入地球的大气层中后，在飞速下落的情况下，会与大气分子急剧碰撞，然后燃烧发光。由于地球引力的作用，它们最终会落到地球上。那些没有被燃烧殆尽的残余天体，就是陨石了。

陨石看起来没什么出奇,但它可不是普通的石头。它穿过了大气层,曾在高温下燃烧,因此刚刚坠落的陨石表面会有一层黑色的熔壳;陨石与大气层的急剧摩擦会在它的表面留下"气印",这是它从地球外部穿越而来的痕迹;一些铁陨石和石铁陨石内部有金属铁,在这种陨石的断面上能看到细小的金属颗粒,95%的陨石能被磁铁吸住。而且,陨石的密度一般比地球岩石要大。

陨石落到地球上不会有特定的位置,因此不要奢望能随随便便就捡到一块陨石哦。想近距离观察陨石,可以到天文博物馆里去看看。

# 太空中怎么还有垃圾呢？

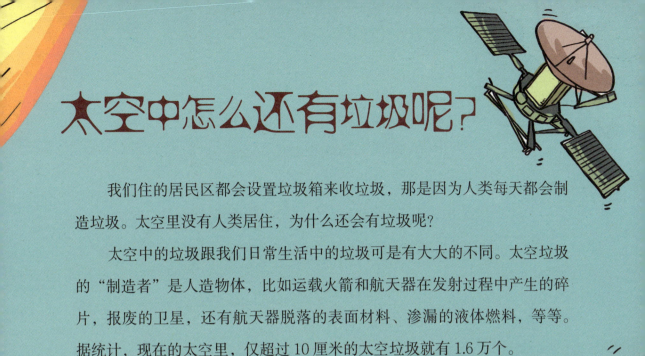

我们住的居民区都会设置垃圾箱来收垃圾，那是因为人类每天都会制造垃圾。太空里没有人类居住，为什么还会有垃圾呢？

太空中的垃圾跟我们日常生活中的垃圾可是有大大的不同。太空垃圾的"制造者"是人造物体，比如运载火箭和航天器在发射过程中产生的碎片、报废的卫星，还有航天器脱落的表面材料、渗漏的液体燃料，等等。据统计，现在的太空里，仅超过10厘米的太空垃圾就有1.6万个。

也许你会问，太空里能有多少火箭、卫星、宇宙飞船啊，能产生这么多的垃圾吗？

宇宙里原来也有这么多垃圾啊！

自苏联发射出人类第一颗人造卫星"斯普特尼克1号"之后,迄今,人类世界已经执行超过4000余次发射任务。在这些发射任务中,产生了不计其数的太空垃圾。

太空垃圾有着很强的破坏力。它们在近地轨道上以很高的速度运行,如果撞到人造卫星、载人飞船或国际空间站,就会造成很大危害。据计算,一块直径为10厘米的太空垃圾就能摧毁一个航天器,一块极微小的太空垃圾可能会使航天器无法正常工作。更可怕的是,这种"事故"又会制造出更多的太空垃圾。

太空垃圾现在成了一个摆在各国航天部门面前的棘手的问题。

# 航天员为什么要穿太空服呢?

我们在电视里看到,航天员即使是在宇宙飞船里,也要穿上太空服,并不能像我们在家一样,穿普通的衣服就可以,这是为什么呢?

这是因为,在宇宙飞船里的生活并不像看上去那么舒适。宇航员在太空里,随时处于太空射线和粒子辐射中,如果不穿太空服,就会发生危险,威胁生命安全。

　　太空服是用高科技材料制成的,既轻便又结实,里面还配置有无线电等太空作业所需的设备,方便宇航员日常工作。太空服能够控制温度,让航天员的身体始终处于一个适宜生存和工作的温度中,也能够调节空间里的压力,防止低压环境对人体健康造成危害。太空服还能保护人体免于受到太空中的高强度辐射,阻挡有害气体,并能提供人体所必需的氧气和及时排出废气。可以说,太空服是保护航天员生命安全的重要工具。

# 宇宙飞船中能烧开水吗？

曾经有宇航员在宇宙飞船里做过一个著名的"烧开水"的实验。大家都知道，太空里没有火燃烧所需要的氧气，因此如果想用烧火的办法来烧水是行不通的，只能把盛水的水壶放在电炉子上加热。但是，宇航员等了很长的时间，水也没有烧开。这到底是怎么回事呢？

首先，我们要思考一下，水怎样才算被"烧开"，水被烧开就是水通过加热，开始进入沸腾的状态。我们说，这个时候的水达到了它的"沸点"。水的沸点，在一般情况下是100℃。而沸点又跟气压是成正比的，也就是说，气压越高，沸点就越高。家里用的高压锅烧开后，里面的气压能有几个标准大气压那么高，所以锅里

水烧开了！

为什么水都沸腾了,米粥还没煮熟啊?

的水的沸点能达到200℃!而在青藏高原等高海拔地区,常发生锅里的水都沸腾了却怎么也煮不熟米的事。这是因为气压太低,水的沸点也跟着降低了,所以即使水已经开始沸腾,温度也不高。

由此可见,在宇宙飞船上烧开水,首先就要面临没有压力、水的沸点非常低这个问题。在太空中即使是烧"开"的水一点都不烫,只要达到沸点,也算"烧开"。那么,满足这些在宇宙飞船上就能烧开水吗?答案还是"不能"。

　　小朋友们可以去观察一下妈妈煮粥的时候,粥煮开了的样子。这个时候你会看到,米粒不断从锅底被沸腾的水流带到表层上来,再被水流推到锅边,重新落回锅底。这个过程,就很明白地告诉了我们,什么叫水受热后发生的"对流"。水在加热中,是靠对流来传热的。当水壶下面的水被加热后,它们会体积膨胀,重量变小,升到水壶上方,而水壶上方的水就会下沉。这样不断地重复,就形成了对流。对流使水壶中的水一直在互相传递热量,就能逐渐达到沸点。

　　但是宇宙飞船里的水处于失重状态,地球上的浮力和重力在这里是没有的,因此不管怎么加热,水壶里的水不会形成对流——热的水一直在下面,冷的水一直在上面。这样的情况下,水当然就烧不开啦。

　　　　不过,大家也不用担心宇航员的生活。因为他们会使用特殊的工具,就能烧出开水来啦!

# 空间站是什么样子的？

浩渺的宇宙一直在召唤着我们，而我们人类向宇宙探索的脚步也从未停止过。宇宙的博大超出我们的想象，因此，如果要进一步了解宇宙，就需要在地球之外的地方建立"据点"，一点一点地向纵深的宇宙迈进，这样我们或许能有机会了解到宇宙的全貌。

空间站，就是这样的"据点"。随着航天技术日益进步，人类已经有能力在太空中建立空间站，供宇航员长期生活和工作，开展多种太空科研项目。空间站是一种人造天体，它需要像卫星一样被火箭发射到太空中，然后在特定的轨道上运行。小的空间站可以一次就发射完成，大一点的空间站需要分多次发射，把部件运到太空中之后再组装起来。

空间站要具备足够大的面积，配有一定的生活资料，能供多名宇航员长期居住和工作。空间站一般包括航天员居住舱、太空实验室、资源舱、服务舱、太阳电池、桁架等组成部分。

我要去探索宇宙了！

总之，空间站的结构复杂，规模很大，使用寿命长，且能被扩展和延伸，具备自我修复的能力，有"宇宙中的航空母舰"之称。建立空间站需要非常先进的技术，也需要花费大量的人力物力，因此只有综合国力非常强盛的国家才能负担得起。目前世界上有2个空间站在运行，其中一个就是我国的天宫空间站，是中国自主设计建造的、多舱段在轨组装的空间站。

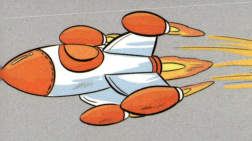

# 航天飞机的任务都有哪些?

航天飞机还有一个很科幻的名字叫"太空穿梭机",顾名思义,就是它能像织布的梭子那样,来回穿梭往返于太空和地球之间。这种先进的航天器功能广泛,既可以起到运载火箭的作用,能把人造卫星送上天,又可以像宇宙飞船一样,沿着特定的轨道运行,还能像飞机一样,在大气层中平稳地滑翔着陆。航天飞机有一个很明显的优势,就是它的经济性。它能反复使用,因此大大降低了航天活动的成本。航天飞机的发明和成功试飞,是人类航天史上一个划时代的大事件。

　　航天飞机用途广泛，其主要作用有以下几点：第一，可以用作太空运输工具。航天飞机的容积很大，可以运载很重的实验器材，也可以向空间站运送宇航员。第二，航天飞机可以为在轨道上运行的航天器提供维修服务。比如一些出了故障的低轨道卫星，航天飞机可以通过机械臂对它们进行回收，修好之后，再将其放回原轨道继续运行。第三，航天飞机还可以用来进行太空科研项目。科学家们可以利用航天飞机，在太空条件下做一些科学实验。

# UFO就是外星飞船吗？

UFO是一个英语词汇的简称，它的全名是Unidentified Flying Object，意思是"不明飞行物"。因为是"不明"，所以不能说UFO就是来自外星的飞船，因为它们有可能只是人们的幻觉，或者是反光的飞机，甚至是球形闪电。

从古代起，就有人类发现UFO的记载。进入现代社会，尤其是出现了照相机之后，又有大量的关于"UFO"的照片问世。目击者的描述和图

片显示，这些"UFO"是外形像圆盘或者球状甚至棍棒状的发光物体，它们飘浮在天空中，能够突然加速或者凭空消失。有些人相信这些"UFO"来自外星球，是外星人制造出来的先进的航天工具。有些人则坚定地认为根本就没有所谓的"UFO"，那些照片不过是出于某种目的被伪造的，或者是拍到了重返大气层的人造卫星、进行军事实验的飞行器、降落伞、闪电、地震光等，被误认为是UFO而已。到底有没有真正的UFO，目前科学界对此尚无定论。

# 宇宙中还有其他适合人类居住的星球吗?

宇宙的广袤超出了我们的想象。我们居住的地球,只是宇宙中数不胜数的行星之中的一个。在广阔的宇宙中,到底还有没有像地球这样适合人类居住的星球呢?依据现有的空间理论和空间探索水平,答案是肯定的。但是,这样的星球到底在哪里,距离我们有多远,我们是否有办法移民过去,就不好回答了。

随着人口的急剧增加,地球资源在逐渐减少。有限的地球空间很可能无力负担未来的人口,

所以人们将目光投向了太空。如果能在宇宙中找到像地球一样环境适合人类居住的星球，然后进行星际移民，就能够把一部分地球居民转移到其他星球，从而减轻地球的压力。

具体说来，这样的类地行星应该具备以下几个条件：有水，有稳定的大气层，有适宜的温度以及靠近太阳这样的能发光的恒星。

其实，目前科学家们已经在距太阳系 20 光年的位置找到了一个类地行星，它的名字叫"格里581d"。这个行星处于一个寒冷星系的外围，但大气层相对温暖。这是一颗科学家们首次以绝对肯定的态度宣布的类地行星。

但是，尽管有类地行星的存在，依靠人类现有的技术力量，仍旧是无法实现星际移民的。所以，我们仍然要保护生态环境，珍惜我们的地球。